PARALLÈLE

ENTRE

LE CÉPHALOTRIBE

ET

LE FORCEPS-SCIE

PAR

le Dr EUGÈNE VERRIER

Professeur particulier d'accouchement autorisé à faire
un Cours à l'École pratique.

MÉMOIRE LU A L'ACADÉMIE IMPÉRIALE DE MÉDECINE
dans la séance du 25 septembre 1866.

PARIS

CHEZ A. DELAHAYE, LIBRAIRE

PLACE DE L'ÉCOLE-DE-MÉDECINE

PARALLÈLE

ENTRE

LE CÉPHALOTRIBE

ET

LE FORCEPS-SCIE

TRAVAUX DU MÊME AUTEUR :

Du forceps-scie des Belges. Paris, 1863.
De la môle hydatique de l'utérus. Anvers, 1864.
De l'emploi des anesthésiques en accouchement.
    Paris, 1864.
Indications de l'opération césarienne. Paris, 1864.
De l'accouchement prématuré artificiel. Paris, 1864.
De la mort subite des enfants nouveau-nés. Paris,
    1864.
Théorie nouvelle de l'action musculaire (trad. ang.).
    Paris, 1864.
De l'hématocèle utérine (trad. angl.). Paris, 1864.
Moyen mixte pour provoquer..... (Acad.) Paris, 1864.
Conduite de l'accoucheur dans les positions O.post.
    Paris, 1865.
Accouchement forcé pour l'insertion vicieuse.
    Paris, 1865.
Influence de la grossesse sur l'intelligence. (Méde-
    cine pratique.) Paris, 1865.
Pronostic et traitement de la pneumonie. (Acad.)
    Paris, 1865.
Mort subite des femmes en couches. (*Gaz. des Hôp.*)
Petites difficultés de la pratique obstétricale (Cinq
    articles), 1865, 1866.
Du traumatisme dans les affections puerpérales.
    (Concours d'agrégation, 1866.)
Nombreux articles de Bibliographie. (*France médicale*
    et *Abeille.*)
Parallèle entre le céphalotribe et le forceps-scie.
    (Académie, 1866.)

SOUS PRESSE :

Manuel pratique de l'art des accouchements, avec
    80 figures intercalées dans le texte.

Paris. — Typ. PILLET fils aîné, 5, rue des Grand-Augustins.

PARALLÈLE

ENTRE

LE CÉPHALOTRIBE

ET

LE FORCEPS-SCIE

PAR

le Dʳ EUGÈNE VERRIER

Professeur particulier d'accouchement autorisé à faire
un Cours à l'École pratique.

MÉMOIRE LU A L'ACADÉMIE IMPÉRIALE DE MÉDECINE
dans la séance du 25 septembre 1866.

PARIS

CHEZ A. DELAHAYE, LIBRAIRE

PLACE DE L'ÉCOLE-DE-MÉDECINE

1866

AVANT-PROPOS

Celui qui a la conscience d'avoir, le premier dans son pays, signalé à l'attention un véritable progrès, un procédé nouveau qui intéresse la vie de ses semblables, peut, je crois, avec un légitime orgueil, s'en faire un titre devant l'opinion publique. On me permettra donc, à propos du Forceps-Scie de Vanhuevel, de rappeler mon rôle d'initiative pour faire connaître en France ce précieux instrument et en répandre l'usage.

C'est en 1863 que je publiai, dans ce but, mon premier travail sur le Forceps-Scie; et, le 18 octobre de la même année, la *Presse médicale* belge en rendit compte dans son numéro 44 ; le docteur Marinus, membre de l'Académie de médecine, écrivit un article intitulé : *le Forceps-Scie devant la Faculté de médecine de Paris*, où se trouvent les lignes suivantes : « La défense d'une thèse sur le « Forceps-Scie de M. Vanhuevel devant la « Faculté de médecine de Paris est un fait « important pour la médecine belge... M. E. « Verrier, déjà docteur de l'Université de « Liége, s'est donné pour mission de faire « connaître à ses compatriotes le Forceps-« Scie, dont il a eu l'occasion de constater, en « Belgique, les résultats vraiment remarqua-« bles... Nous avons l'espoir que tôt ou tard nos « confrères de France finiront par rendre une « éclatante justice à l'une des plus belles con-« quêtes de notre art. En attendant, rendons « hommage au jeune médecin qui s'est chargé « de la tâche difficile de faire connaître dans « son pays ce précieux instrument et d'en dé-« montrer la supériorité sur les autres instru-« ments destinés à pratiquer l'embryotomie. »

Ces termes élogieux pour moi se reproduisent dans un rapport que le docteur Marinus fut chargé de faire sur mon travail par l'Académie de médecine belge.

A son tour, la Société médico-chirurgicale de Liége voulut reconnaître mon zèle de propagateur du Forceps-Scie ; elle m'adressa les mêmes éloges et m'honora du titre de membre correspondant.

Je pourrais citer encore une lettre flatteuse du docteur Borlée, dans laquelle ce professeur belge m'exprime tout son assentiment pour mon initiative, qu'il qualifie d'*acte hardi*.

De tels témoignages, émanés des représentants de la science médicale en Belgique, devaient nécessairement me mettre en relation avec les diverses Sociétés savantes de ce pays. Ainsi, à la Société médicale d'Anvers, je présentai un manuscrit *sur la Môle hydatique de l'utérus*, et, plus tard, une étude *sur l'Accouchement prématuré*. Ce dernier travail figure dans les archives de la Société, n° 26, p. 5 à 22. L'autre eut les honneurs d'un tirage à part, aux frais de la Société, qui me nomma son membre correspondant. Enfin, un mémoire que j'adressai à l'Académie royale de Belgique *sur la Chimie et la Thérapeutique des ferrugineux* fut l'objet d'un rapport, et valut à son auteur des remercîments votés dans la séance du 30 décembre 1865.

Si je mentionne ici le bon accueil fait à quelques écrits, c'est moins pour eux-mêmes qu'à cause du prix que j'attache à des distinctions qui m'honorent, car elles témoignent de l'estime d'un pays, ami éclairé du progrès médical, envers un étranger qui voue tous ses efforts à la même cause. La médecine belge se souvenait que j'avais été le premier, en France, à proclamer le mérite supérieur du Forceps-Scie.

Cette priorité, que je tiens à établir, est également attestée dans des ouvrages français.

On trouve dans la *Gazette des hôpitaux* de Paris, au n° 127, 1863, un compte rendu du docteur Mattei sur l'obstétrique belge, où il constate que mon premier travail sur le Forceps-Scie est antérieur à tout autre.

Mon nom intervient encore, sous le même

rapport, dans l'Atlas de Lenoir, Sée et Tarnier. A la page 290 du texte de cet ouvrage,
qui est un véritable monument de l'art obsté-
trical, Tarnier dit, en parlant de l'embryotomie, que les faits rapportés par M. Verrier
prouvent que le Forceps-Scie peut du moins
être rangé à côté du céphalotribe ; et, à la fin
du même article, cet auteur exprime le regret
que l'instrument de Vanhuevel ne soit pas
mieux connu en France; car les heureux résultats signalés par moi ne lui paraissent pas
suffisants pour juger exactement sa valeur.
D'un autre côté, il reproche au Forceps-Scie,
comme défauts, son prix élevé et la complication du mécanisme, qui nécessite, dit-il, le
concours d'un aide exercé.

Sur le premier point de cette critique, il
me suffira de répondre que l'embryotomie
n'est point une opération vulgaire, et que,
pour les hommes spéciaux qui sont appelés à
l'exécuter, le prix d'un instrument qui doit
sauver la vie d'un grand nombre de femmes
n'est plus un obstacle sérieux. Quant au mécanisme, sa difficulté se réduit à bien peu, si

l'on songe que, dans la Ve observation de Simon, l'opération fut terminée par le chirurgien sans autre aide qu'une sage-femme (p. 35 de mon premier mémoire). Le seul inconvénient serait dans l'extraction, d'ailleurs rarement difficile, des segments produits par la scie.

Je reviens donc à l'unique tort qui empêche nos auteurs de reconnaître la supériorité du Forceps-Scie, c'est-à-dire à son défaut d'usage par les praticiens français. Ce tort n'est plus celui de l'invention de Vanhuevel, mais des préjugés et de l'habitude, qu'il faut combattre. Telle est la tâche ardue que je me suis imposée depuis longtemps, et pour laquelle j'entreprends ce nouveau travail. Mon but avoué est de propager le Forceps-Scie en France; et comme il s'agit d'une question d'humanité, je dois aussi faire tout mon possible pour appeler l'attention de tous les peuples civilisés sur l'éminent mérite de l'instrument belge.

Il y a déjà mieux que des espérances dans la perspective des conquêtes que l'avenir lui réserve. Si je regarde en dehors de la France, je vois l'Italie qui se félicite des beaux succès obtenus à la clinique de Milan, grâce au Forceps-Scie, qu'on a su adopter. Pourquoi l'Espagne n'imiterait-elle pas cet heureux exemple? En Pologne, on possède l'instrument de Vanhuevel à la clinique de Varsovie, et le Brésil en a demandé deux. Un jour viendra, je l'espère, où, jouissant d'une notoriété aussi grande que celle du forceps ordinaire, le Forceps-Scie, dignement apprécié, sera répandu dans toute l'Europe.

PARALLÈLE

ENTRE

LE CÉPHALOTRIBE

ET

LE FORCEPS-SCIE

I

Dans la présentation de l'extrémité céphalique, lorsque le bassin n'a pas moins de quatre centimètres dans son diamètre sacro-pubien, les accoucheurs sont tous d'accord aujourd'hui, à peu d'exceptions près, pour employer la céphalotripsie, qui, si elle sacrifie le fœtus, dont la vie est le plus souvent compromise, sauve 69 fois et demi sur 100 l'existence de la mère.

Ce chiffre est le résultat de statistiques bien établies. Pommereux, thèses de Paris, 1858, 10 cas, 7 guérisons. Joulin, *Moniteur des hôpitaux*, 1862, 60 cas, 43 guérisons. Guéniot, thèse de concours, 1866, 22 cas, 14 guérisons, etc.....

Cette mortalité est encore trop grande, et l'on peut se demander si des améliorations apportées au procédé opératoire ne pourraient pas rendre la céphalotripsie moins meutrière encore pour la mère, dont on a seulement, alors, à se préoccuper.

Déjà dès l'origine du céphalotribe on s'était aperçu qu'appliqué forcément sur les côtés du bassin, cet instrument diminuait la tête du fœtus dans le sens du diamètre transverse du détroit supérieur, c'est-à-dire dans le sens le plus large, diminution qui ne pouvait avoir lieu qu'en allongeant cette tête suivant le diamètre sacro-pubien, sur lequel porte le plus souvent le rétrécissement. On a donc dû conseiller, après le broiement, un mouvement de rotation ayant pour but de placer la tête du fœtus dans le sens le plus favorable à son extraction. Mais cette rotation, et surtout l'extraction, offraient encore de grands dangers, car une tête ainsi broyée est garnie d'esquilles osseuses qui peuvent labourer les parties maternelles et produire des déchirures et des fistules, graves en elles-mêmes, et souvent suivies d'accidents puerpéraux capables de compromettre la vie de l'opérée.

La perforation du crâne précédant la céphalotripsie fut encore un pas dans le progrès qui marqua chacune de ses phases par des changements importants apportés à l'instrument de Baudelocque : c'est d'abord la courbure supérieure, puis les modifications de la manivelle; la dernière, due à l'esprit ingénieux de Depaul, paraît ne rien laisser à désirer ; les crampons que ce professeur a ajoutés à l'extrémité des cuillers donnent un point d'appui plus solide à l'instrument.

Mais la perfection de l'opération réside tout entière dans le procédé du professeur Pajot, connu sous le nom de *céphalotripsie répétée sans tractions.*

En effet, la base du crâne, broyée en différents sens, ne peut avoir que de petites esquilles, et la suppression des tractions ôte à l'opération une partie de son caractère traumatique.

Cependant la rotation au détroit supérieur est toujours exécutée après chaque broiement, et l'observation suivante prouve combien elle est dangereuse :

Novembre 1842. *Présentation du siége; dégagement du tronc, la tête reste au détroit supérieur; forceps, puis céphalotribe. Pendant le mouvement de rotation, la femme jette un cri, le céphalotribe s'échappe, et la malade meurt avant d'être accouchée. On applique le forceps-scie; la section de la tête est faite de la base au sommet, et quelques légères tractions suffisent pour dégager le tout.*

L'autopsie démontra une déchirure de la

matrice au niveau de l'angle sacro-vertébral
avec hémorrhagie sous-péritonéale. Bassin,
56 millimètres.

(Rapport du docteur Marinus à l'Académie de médecine de Belgique. 1851, p. 18.)

Dans les rétrécissements extrêmes du bassin. pour lesquels la céphalotripsie répétée sans tractions est surtout réservée, on est encore assez souvent obligé d'appliquer l'instrument sur le tronc, et ce tronc, ainsi mutilé, doit franchir le conduit utéro-vulvaire sous l'influence des contractions physiologiques ou sollicitées. (*De la céphalotripsie répétée.* Pajot, 1863, Obs., p. 18 et 19.

Il n'est pas jusqu'à l'introduction du céphalotribe qui ne prédispose la malade aux contusions et à la gangrène des parties génitales ; d'ailleurs il sera toujours difficile de convaincre la patiente ou sa famille de la nécessité de faire ainsi des broiements qui peuvent être portés jusqu'à onze (obs. précitée), et occuper quatre séances ! Enfin, la céphalotripsie répétée elle-même ne met pas la femme à l'abri des déchirures, car dans la même observation il est dit (page 20) que la malade s'est rétablie avec une fistule vésicovaginale, dont elle a été opérée et guérie plus tard par le professeur Nélaton.

Du reste, cette méthode est encore trop nouvelle pour que des statistiques aient pu démontrer sa supériorité par des chiffres suffisamment nombreux. Sur les sept observations connues, dues à Pajot, on trouve quatre femmes dont le bassin mesurait six centimètres, elles guérirent ; deux femmes qui avaient un bassin de cinq centimètres, l'une d'elles mourut ; et enfin la septième présentait le plus petit bassin dans lequel jusqu'ici ait été tentée la céphalotripsie, 36 millimètres : elle succomba. C'est 71 succès et demi pour cent. Une telle proportion suffirait sans doute pour l'avantage de ce procédé sur la céphalotripsie ordinaire ; et dans tous les cas de rétrécissement extrême du bassin, parfois même dans ceux où la viciation n'est pas portée à ce degré, comme le veut Guéniot, le broiement répété sans tractions doit être préféré ; mais n'y a-t-il que l'alternative de ces deux moyens, et le meilleur serait-il le dernier mot du progrès ? Ne pourrait-il pas à son tour s'effacer devant une méthode supérieure ?

II

Pendant que les diverses améliorations du céphalotribe se succédaient en France et aboutissaient à la céphalotripsie répétée, Vanhuevel, professeur à Bruxelles, déjà connu par d'heureuses innovations obstétricales, conçoit l'idée de se servir d'une scie à chaîne pour diviser la tête du fœtus d'après le mode employé pour les résections en chirurgie.

Il réalise cette idée par l'invention d'un instrument très-ingénieux qui porte la scie à la rencontre de la tête fœtale, à l'aide de conducteurs mobiles glissant dans une coulisse pratiquée dans l'épaisseur des cuillers : c'est le forceps-scie, dont j'ai donné la description dans mon travail publié en 1863. (Paris, A. Delahaye.)

Ce qui prouve la bonté de l'instrument, c'est que depuis 1844, époque à laquelle il fut appliqué pour la première fois, il n'y a pas eu d'autres améliorations que celle qu'on fit subir à la clef destinée à mouvoir les conducteurs.

D'abord placée transversalement, cette clef gênait un des aides pendant l'opération; on put, à l'aide d'un pignon, la placer parallèlement aux branches du forceps, et l'instrument acquit alors tous les mérites qui constituent sa valeur actuelle.

Vanhuevel a publié, dans les bulletins de l'Académie de Belgique, 29 observations de femmes ayant subi l'application du forceps-scie, sur lesquelles on compte 23 succès, soit 79.3 pour cent.

Dans mon travail précité sur le forceps-scie, j'ai réuni 15 autres observations, dont 13 avaient été communiquées à la même Académie par deux commissions nommées, tant à

Bruxelles qu'à Liége, pour examiner les assertions avancées par l'inventeur de l'instrument.

Sur les 15 observations, il y eut 11 succès, soit 73.3 pour cent.

Depuis cette époque je n'ai cessé de faire des efforts pour vulgariser le forceps-scie par des explications dans mes cours, ou des démonstrations sur des têtes de fœtus. Ces démonstrations, faites en présence tantôt d'élèves, tantôt de membres de sociétés savantes, ne purent cependant déterminer les professeurs officiels à Paris à employer l'instrument belge.

Mais dans des pays voisins, en Italie par exemple, de nombreuses applications en furent faites, de grands succès obtenus. On les trouve, pour la plupart, consignés dans la remarquable thèse de concours du docteur F. Agudio, qui contient 34 faits détaillés. Un 35me a été publié, par les soins du docteur Gaétano Casati, dans le compte rendu de la Clinique de Milan pour 1863. Sur ce nombre, 28 guérisons, 7 morts, donnent une proportion de 80 pour 100 de succès. Depuis ce temps d'autres opérations ont été faites, et quelques-unes publiées dans les bulletins de l'Académie belge, mais je n'ai voulu prendre mes éléments de conviction que parmi les travaux dus à la plume de savants notoirement connus; je me contenterai donc de donner, à la fin de ce travail, un extrait du tableau résumé des 34 opérations publiées dans la thèse de F. Agudio, avec la pelvimétrie décimale. Je me réserve de traduire et de publier plus tard l'observation de G. Casati.

De ces faits il résulte que la moyenne des guérisons est supérieure de 10 pour 100 environ à celles qui ont suivi la céphalotripsie.

Dix femmes sauvées sur cent, c'est déjà quelque chose! De plus, quand on connaît l'action inoffensive du forceps-scie et qu'on lit les observations en détail, on est obligé de convenir que la mortalité tient à autre chose qu'à l'usage de l'instrument.

En effet, sur les quatre femmes mortes à la suite de l'opération dont j'ai rapporté les observations en 1863, deux portaient des lésions mortelles antérieurement à leur admission à l'hôpital; les deux autres succombèrent à une péritonite survenue après un travail trop prolongé.

Sur les six femmes mortes opérées par Vanhuevel, il y eut deux ruptures de la matrice et du vagin, une femme éclamptique, deux gangrènes de la matrice dues à un travail long et pénible.

Enfin, parmi les sept décès arrivés aux femmes de F. Agudio, on a noté un cas d'hémorrhagie, un de fièvre typhoïde et cinq métro-péritonites.

Ce n'est donc pas, comme je le disais page 51 de mon premier travail, l'opération faite

dans des limites convenables qui est dangereuse, mais bien l'inflammation et certaines
lésions des organes abdominaux, suites de la
longueur du travail ou de manœuvres anté-
rieures. Voilà les causes qui viennent compromettre le succès d'une opération qui en
elle-même est, nous le répétons, tout aussi
simple pour la femme qu'une application de
forceps ordinaire, ce qu'on ne peut pas toujours dire du céphalotribe.

Les accidents qui suivent l'application de
ce dernier instrument sont moins à craindre
avec le forceps-scie, dont l'action régulière
fait rentrer en dedans les téguments du crâne,
qui viennent alors recouvrir la table externe
des os divisés. L'accoucheur n'est obligé
d'employer aucune force; et sous ce rapport
le forceps-scie est encore préférable au forceps simple, quand ce dernier instrument
agit dans un bassin très-rétréci.

Enfin je dois encore indiquer parmi les
avantages du forceps-scie, la destruction certaine de la base du crâne et instantanément
de la vie du fœtus; tandis qu'on sait que le
céphalotribe ne remplit pas toujours cette
double condition. J'ai, le premier, signalé
cette différence d'action entre les deux instruments.

Le professeur Wasseige de Liége, qui ne
peut être taxé de partialité, car il emploie autant le céphalotribe que le forceps-scie, ré-

sume ainsi les indications de ce dernier. instrument

Dans les rétrécissements du détroit supérieur compris entre 27 et 47 millimètres, là où le forceps ne peut passer, il adopte la céphalotripsie répétée (nous savons qu'à cette dimension du bassin cette méthode n'a été employée qu'une seule fois et qu'elle n'a pas réussi).

Entre 45 et 75 millimètres, si la femme n'est pas épuisée, il laisse à l'accoucheur le choix de l'instrument ; mais si la femme est déjà fatiguée par la longueur du travail, il repousse le céphalotribe et considère le forceps-scie comme un instrument parfait.

Au-dessus de 75 millimètres, la céphalotripsie devant être précédée de l'application du forceps, le forceps-scie aura l'avantage de terminer l'opération en un seul temps, si l'on fait précéder le sciage d'une simple traction avec l'instrument non garni de ses accessoires.

Quand le vice de conformation réside au détroit inférieur et que la tête est dans l'excavation, Wasseige repousse tout à fait le céphalotribe, qui expose à la contusion des parties molles de la mère, l'expansion de la tête se faisant dans le sens du diamètre antéro-postérieur.

Il en est de même dans les présentations du siége, ou après la version, quand le tronc est au dehors, surtout si la base du crâne est enclavée au détroit supérieur. On aurait à redouter alors de fortes contusions des parties maternelles en avant et en arrière, si on avait recours au céphalotribe.

Le seul inconvénient que signale l'accoucheur de Liége dans l'emploi du forceps-scie, c'est la difficulté qui existe parfois pour un novice d'extraire les segments du crâne divisé; mais, ajoute-t-il, on en vient toujours à bout avec de l'habitude.

III

Déjà on a pu se convaincre, par la lecture des deux articles ci-dessus, que le forceps-scie doit être préféré au céphalotribe; mais pour arriver à établir d'une manière irréfutable la supériorité du forceps-scie dans le parallèle que j'ai entrepris, j'examinerai dans ce dernier article, non plus des statistiques générales. mais des opérations faites avec les deux instruments dans des conditions, autant que possible, identiques.

Pour cela, je diviserai les bassins en deux classes :

1° Rétrécissements moyens, compris entre 6 et demi et 8 centimètres. Si on peut dire que, dans de tels bassins, un des instruments sauve plus souvent la vie des mères, *à for-*

tiori pourra-t-on dire que cet instrument devra être choisi dans tous les cas où l'ouverture du bassin sera supérieure à 8 centimètres, et surtout quand la tête sera dans l'excavation.

Du reste, ces bassins nécessitent rarement l'emploi du céphalotribe.

2° Rétrécissements extrêmes, compris entre 4 et 6 centimètres et demi. Les bassins dont le diamètre antéro-postérieur est moindre que 4 centimètres doivent être dévolus, de l'avis général, à l'opération césarienne. Il n'y a pas eu de succès jusqu'ici, avec le céphalotribe comme avec le forceps-scie, au-dessous de 5 centimètres ; c'est donc une mesure trèslarge de descendre jusqu'à 4 centimètres, limite au-dessous de laquelle, du reste, le forceps-scie ne pourrait plus être appliqué ; et le céphalotribe, d'après Pajot lui-même, pour pouvoir passer, devrait avoir des branches d'une épaisseur moindre que le modèle habituellement employé.

CÉPHALOTRIBE

Commençons par le céphalotribe. La thèse de Lauth (Strasbourg, 1863) résume tous les faits de céphalotripsie publiés jusqu'à lui. Celle de Guéniot, déjà citée, comprend de très-remarquables observations dues à Jules

Rouyer(Considérations pratiques sur les vices de conformation du bassin ; Paris, 1855), W.Jones(thèse de Paris, 1864, couronnée), etc., ainsi que des observations personnelles à l'auteur.

Ces deux thèses forment ce qu'il y a de plus complet sur l'emploi du céphalotribe.

Sur 192 observations résumées dans la thèse de Lauth, on trouve noté 113 fois seulement l'état du bassin.

12 fois les diamètres étaient normaux ;

53 fois ils dépassaient 8 centimètres ;

32 fois ils étaient compris entre 6 centimètres et demi et 8 centimètres.

15 fois entre 4 et 6 centimètres et demi.

Une fois seulement au-dessous de 4 centimètres.

Notons d'abord que, sur les 12 bassins normaux, on a constaté deux cas de mort.

Dans les 13 cas où le diamètre antéro-postérieur était de 8 centimètres et plus, on eut à déplorer 18 fois la mort de la mère, soit 33,9 pour 100.

Il importe surtout d'examiner les 32 bassins compris entre 6 centimètres et demi et 8 centimètres, et les 15 compris entre 4 centimètres et 6 centimètres et demi.

Dans le premier cas, 8 morts donnent une proportion de 25 p. 100, et dans le deuxième cas, 6 morts en donnent une de 40 pour 100.

Quant au bassin de 36 millimètres, qui a

constitué un des insuccès de la céphaloptripsie
répétée, nous ne nous en occuperons pas.
Sans prouver contre la méthode, il est en dehors de la limite inférieure de 4 centimètres,
généralement admise pour la céphalotripsie.

Sur les 22 cas analysés dans la thèse de
Guéniot, l'état du bassin a été noté 20 fois;
une seule fois il avait ses dimensions nor-
males; la femme est sortie de l'hôpital dans
un état désespéré.

15 fois le rétrécissement était compris entre
6 centimètres et demi et 8 centimètres, sans
dépasser cette dernière mesure.

Enfin, 4 fois le rétrécissement était au-dessous de 6 centimètres et demi.

Dans le premier cas, Guéniot a noté 4 morts,
9 guérisons, 2 résultats non indiqués; il est
probable que si le résultat eût été favorable,
on en aurait fait mention. C'est donc 6 morts
sur 15, soit 40 pour 100.

Dans le deuxième cas, il y eut deux rétrécissements de 6 centimètres, les deux femmes
moururent; les deux autres avaient des
bassins de 5 centimètres et demi, une des
deux survécut. Or, 3 morts sur 4 opérées
forment un rapport de 75 décès pour 100.
Cette proportion exagérée est évidemment
due au trop petit nombre de faits. Néanmoins,
par ces résultats, il est facile de voir que plus
le bassin diminue, plus s'accroît la mortalité
des femmes. Cette conséquence était facile à

prévoir. Il est bon aussi de noter que les relevés ont tous été faits dans les hôpitaux, aussi bien ceux de Guéniot que presque tous ceux de Lauth.

En définitive, en réunissant ces différents cas, on obtient des chiffres significatifs et concluants :

1° Pour les rétrécissements moyens : 70, 3 de guérisons. C'est la confirmation de ce que nous avions déjà constaté par nos données générales.

Lauth...........	32 cas	8 morts.
Guéniot.........	15 —	6 —
	47 cas	14 morts.

Soit 29, 7 de décès, ou 70,3 de guérison ;

2° Pour les rétrécissements extrêmes : 52,7 de guérison, c'est-à-dire près de la moitié des femmes mortes.

Lauth..........	15 cas	6 morts.
Guéniot.........	4 —	3 —
	19 cas	9 morts.

Soit 47, 3 de décès, ou 52, 7 de guérisons.

Les 17 observations de céphalotripsie répétées sont comprises dans le relevé de Lauth.

Examinons maintenant les résultats fournis par le forceps-scie.

FORCEPS-SCIE

C'est aussi dans les hôpitaux que les opérations ont été faites pour la plupart; et, afin de rendre les conditions aussi semblables que possible, nous suivrons pour le Forceps-Scie la marche que nous avons adoptée pour le céphalotribe.

1° Rétrécissements moyens, compris entre 6 centimètres et demi et 8 centimètres.

2° Rétrécissements extrêmes, entre 4 et 6 centimètres et demi.

Nous examinerons chaque statistique en particulier; puis nous les réunirons, pour avoir un chiffre plus fort, susceptible de donner une probabilité plus grande, et nous terminerons par le résultat des guérisons, dans les deux ordres de bassins précités.

Vanhuevel, sur 29 cas, cite 15 bassins dont les dimensions rentrent dans notre division.

8 fois comprises entre 6 centimètres et demi et 8; 1 fois seulement l'opération a été suivie de la mort de la mère, et encore fut-elle pratiquée après une version. (Obs. V.)

7 fois au-dessous de 6 centimètres et demi; 1 seule fois encore le résultat a été fatal: ce bassin n'avait que 45 millimètres! (Obs. XXIII.) Après avoir divisé le crâne, on ne put extraire le tronc; on fit la version, la femme mourut.

Deux de ces bassins n'avaient que 5 centimètres et demi. (Obs. XIV et XVI.)

Les 15 observations que j'ai rapportées dans mon travail en 1863 se répartissent ainsi :

A. 7 Obs. de Marinus (Acad. de méd., 25 octobre 1851): 3 bassins de 6 centimètres et demi à 8 centimètres; 1 cas de mort. 2 bassins, l'un de 54 millimètres, l'autre de 58 millimètres ; 1 cas de mort. La femme du bassin de 58 millimètres guérit, malgré la complication d'une présentation occipito-postérieure et l'immense difficulté d'extraire le tronc.

Je n'ai pas tenu compte des Obs. IV et VI. La première avait un bassin normal, avec présentation du tronc ; elle guérit. La deuxième portait une rupture de l'utérus avant son entrée à l'hôpital.

B. 6 Obs. de Simon (M. Acad. de méd., t. II, n° 1). 4 bassins au-dessus de 6 centimètres et demi. 1 non noté. L'autre, de 8 centimètres, ne doit pas figurer; d'ailleurs la femme avait des lésions mortelles avant son admission dans l'hospice. Les 4 femmes guérirent.

C. 2 Obs. de Simon et Wesseige (Verrier, Paris, 1863). Ces deux bassins ont 7 centimètres. Les deux femmes furent sauvées.

Enfin, si nous examinons les 34 céphalotomies relatées dans le tableau ci-contre, nous t ouvons : 3 cas dont le diamètre sacro-pubien dépassait 8 centimètres; on peut y ajouter l'observation de G. Casati, ce qui fait 4. Il y eut une mort. 18 cas dont le diamètre est compris entre 6 centimètres et demi et 8 centimètres ; ils donnèrent 3 décès. 8 cas de 6 centimètres et demi et au-dessous, dont 3 morts.

Dans les autres cas, la mensuration du bassin n'a pas été faite.

Parmi les guérisons, on en a noté 2 dans des bassins supérieurs à 8 centimètres ; 5 dans des bassins non mesurés ; 5 de 74 à 78 millimètres ; 11 de 67 à 71 millimètres ; et, parmi les rétrécissements extrêmes, 1 de 65 millimètres, 2 de 62 millimètres, et 1 de 60 millimètres.

En définitive, la synthèse de ces trois staistiques nous donne :

1° Pour les rétrécissements moyens, 85,8 de guérisons pour 100 opérées.

Vanhuevel	8 cas.	1 mort.
Verrier	9 —	3 —
Agudio	18 —	1 —
	35 cas.	5 morts.

Soit, 14,2 de décès sur 85,8 de guérisons.

2° Pour les rétrécissements extrêmes, 70,6 p. 100. C'est le chiffre des guérisons qui suivent l'application du céphalotribe dans les rétrécissements moyens.

Vanhuevel	7 cas.	1 mort.
Verrier	2 —	1 —
Agudio	8 —	3 —
	17 cas.	5 morts.

Soit 29,4 de décès, ou 70,6 de guérisons.

CONCLUSIONS

A. Si, dans les rétrécissements moyens, le chiffre des femmes sauvées par le Forceps-Scie est supérieur à celui que donne le céphalotribe de 15,5 p. 100, on peut dire que le premier de ces instruments doit être employé, à l'exclusion du deuxième, dans tous ces rétrécissements et dans les cas où on est obligé d'avoir recours à la céphalotomie, quand le bassin est bien conformé.

B. Si, dans les rétrécissements extrêmes, le chiffre des femmes épargnées par le Forceps-Scie est de 70,6, alors que le céphalotribe n'en épargne que 52,7, on peut dire que c'est l'instrument par excellence pour ces sortes d'opérations, et que son inventeur a rendu un immense service à la société.

Quant à moi, pour démontrer la réalité d'un si grand bienfait, je n'avais qu'à laisser parler les faits eux-mêmes. Leur simple comparaison, sur les données les plus sûres, confirme, avec l'évidence des chiffres, la supériorité rationnelle du Forceps-Scie. Je m'estimerais donc heureux si, dans mon modeste rôle de propagateur, je pouvais répandre parmi mes compatriotes l'usage de cet instrument. Ses résultats favorables me récompenseraient amplement des efforts que je ne cesse de faire depuis plus de trois ans pour le légitime succès d'une cause qui intéresse l'humanité !

TABLEAU

de 34 céphalotomies exécutées avec le Forceps-Scie.

(Extrait de la thèse de concours de M. AGUDIO.)

Nos	DIAMÈTRES DU BASSIN.		MARCHE.	ISSUE.
1	D. sacro-pubien.	0,067	Métrite.	Guérison.
2	—	0,074	Régulière.	—
3	—	0,067	—	—
4	—	0,067	Métrite.	—
5	—	0,067	Régulière.	—
6	—	0,076	Métro-péritonite.	—
7	—	0,067	Régulière.	—
8	—	0,074	Phleg. alba dolens.	—
9	D. non noté.		Régulière.	—
10	—		—	—
11	D. sacro-pubien.	0,074	Métro-péritonite.	—
12	—	0,060	—	—
13	—	0,062	—	Mort.
14	—	0,062	Métrite. phl. al. dol.	Guérison.
15	D. non noté.		Métrite.	—
16	D. sacro-pubien.	0,078	Hém. mét. péritonite.	Mort.
17	—	0,065	Métro-péritonite.	—
18	—	0,065	Métrite.	Guérison.
19	—	0,074	—	—
20	—	0,081	Métrite. escarres.	—
21	D. bi-ischiatri.	0,060	Métro-péritonite.	Mort.
22	D. sacro-pubien.	0,083	Métrite.	Guérison.
23	D. non noté.		Régulière.	—
24	—		—	—
25	D. sacro-pubien.	0,062	Escarres vulvaires.	—
26	—	0,069	Régulière.	—
27	—	0,071	Métro-péritonite.	Mort.
28	—	0,083	—	—
29	—	0,067	Fièvre typhoïde.	—
30	—	0,071	Régulière.	Guérison.
31	—	0,069	Escarres vulvaires.	—
32	—	0,071	Métrite.	—
33	—	0,060	Mét. phleg. alb. dol.	—
34	—	0,071	Régulière.	—

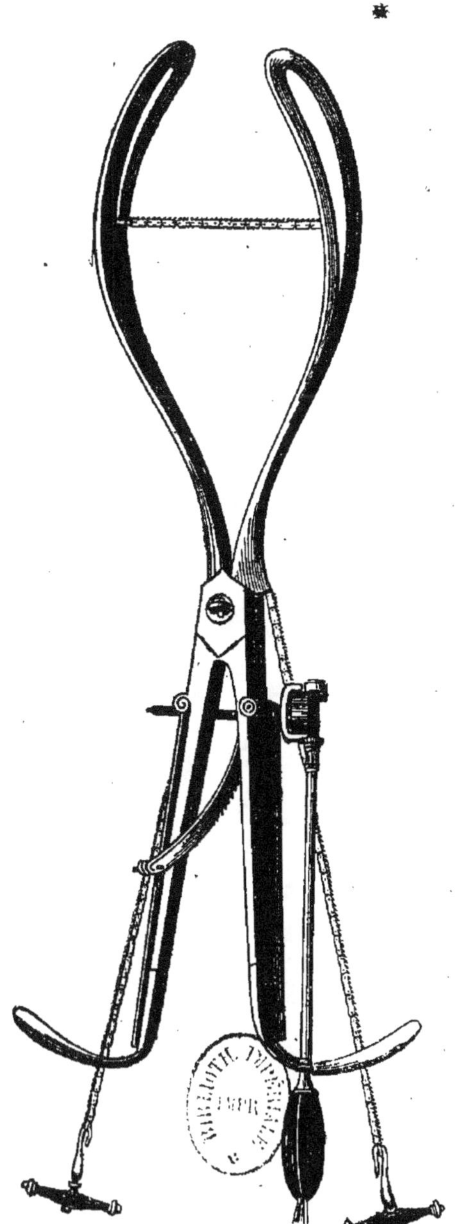

FÒRCEPS-SCIE.

DEUX OBSERVATIONS

DE CÉPHALOTOMIE

EXÉCUTÉES PAR LE FORCEPS-SCIE

Obs. I, communiquée par le docteur Wasseige, professeur à Liége. — Cette observation, quoique datant de 1863, n'a jamais été publiée.

Catherine P..., domestique, âgée de vingt-neuf ans, est d'une stature moyenne et d'un tempérament lymphatique. Rachitique dès son enfance, elle n'a marché qu'à trois ans, et peu de temps après, la marche a été suspendue pour longtemps. Réglée à l'âge de vingt ans. Dernière apparition, février 1863. Sa grossesse a été heureuse.

Premières douleurs, 11 octobre 1863.

Ruptures des membranes, 13 octobre au matin.

Entrée à la Maternité, 13 octobre au matin.

Examen. — Le bassin est rétréci; diamètre

3

sacro-pubien, 75 millimètres; les autres diamètres
également rétrécis.

Le col présente une dilatation égale à la circonférence d'une pièce de 2 francs; il est partielle-
ment dilatable; sa partie droite seule offre une
certaine résistance.

L'enfant se présente en première position du
sommet.

L'accouchement spontané ayant été jugé im-
possible, et la femme, d'après les demandes qu'on
est dans l'usage d'adresser en Belgique, se refu-
sant à toute opération qui puisse compromettre
ses jours, M. Wasseige se détermine à l'emploi
du forceps-scie, dès que le col permettra le passage de l'instrument.

Toutefois, comme l'enfant vit encore, on ten-
tera quelques tractions une fois l'instrument en
place, avant d'adapter la scie.

Dès la dilatation suffisante, on procède à l'opération. Le professeur Wasseige applique le forceps aux deux extrémités du diamètre oblique
droit; la tête est alors saisie suivant le diamètre
bipariétal, et un léger mouvement de rotation
vers la gauche place le plus petit diamètre de la
tête en présence du diamètre rétréci du bassin.
Dans cette position, l'opérateur, par des tractions
énergiques, tâche d'engager la tête du fœtus dans
l'excavation, mais sans résultat.

« Alors, dit M. Wasseige, auquel je vais laisser
la parole, nous ramenons la tête dans ses rapports
premiers, et nous nous décidons à la scier.

« Nous introduisons la scie et les conducteurs
dans les coulisses de l'instrument; la scie ayant
été poussée jusque sur le crâne, nous plaçons la

clef destinée à mouvoir les conducteurs; nous opérons ensuite la section de la tête, après quoi nous retirons la scie et les conducteurs.

Quelques tractions faites sur l'instrument engagent le segment du crâne qui est en rapport avec la partie postérieure du bassin; le segment antérieur échappe, celui qui est engagé est bientôt extrait.

Les doigts de la main gauche, portés dans le vagin pour reconnaître le fragment adhérent, trouvent que ce fragment a basculé; ce sont les parties divisées de la mâchoire supérieure et inférieure qui se présentent. La difficulté de saisir ces parties au moyen de la pince à dents, le temps que nous pouvions perdre dans ces tentatives, nous engagent à introduire la main dans l'utérus et à faire la version pelvienne. Cette opération fut très-facile et l'extraction du fœtus bientôt terminée. Délivrance naturelle.

L'examen des fragments de la tête nous montre que celle-ci a été divisée en deux parties régulières, suivant la circonférence occipito-mentonnière à peu près.

La base du crâne a donc été détruite, et le sphénoïde a été scié en deux parties presque égales.

Suites de couches. — Apparition de la fièvre puerpérale le deuxième jour. Une épidémie de cette nature faisait, à cette époque, de grands ravages dans notre hospice.

Mort le 17 novembre.

Obs. II, traduite de l'italien (Clinique de Milan, 1864,
rédigée par le docteur G. Casati, p. 126).— *Deuxième
position de l'occiput. — Rétrécissement du bassin. —
Diamètre antéro-postérieur du détroit supérieur,
86 millimètres. — Léger rétrécissement du diamètre
sacro-cotyloïdien. — Céphalotomie avec le forcep
scie de Vanhuevel. — Enfant mâle assez développé,
de neuf mois. — Suite de couches régulières.*

La femme inscrite sous le nº 416 est âgée de
dix-neuf ans, et paraît avoir été rachitique dans
son enfance. A seize ans elle eut ses premières
menstrues, qui se maintinrent depuis constam-
ment régulières jusqu'au mois de mars 1862, où
il y eut suspension; et au mois d'août, elle sentit
les mouvements actifs du fœtus. Elle est de petite
taille, maigre et délicate; le diamètre antéro-postérieur du détroit supérieur mesure extérieure-
ment 164 millimètres; l'exploration interne, par
le toucher, avec la déduction, donne 86 millimètres; on remarque, en outre, une courbure inté-
rieure des parois cotyloïdes, légèrement infléchies
à leur extrémité inférieure. Le 8 janvier 1863, à
neuf heures du soir, cette femme commença à
éprouver les douleurs de l'enfantement, qui, légères d'abord, se maintinrent ainsi toute la nuit,
et n'augmentèrent que vers la matinée du 9.
D'après l'exploration du sujet à ce moment, les
parties sexuelles se trouvaient molles, saines et
flexibles; l'ouverture de l'orifice était de plus de
54 millimètres, et ses bords mous et sans résistance; la poche amniotique, dans son intégrité,
était distendue pendant les douleurs; il y avait
présentation du sommet à la deuxième position,

mobile au détroit supérieur. On entendait distinctement les battements du cœur du fœtus à droite, au-dessous de l'ombilic de la mère, et les contractions étaient fortes et fréquentes. Vers sept, heures et demie du matin se fit la rupture spontanée du sac amniotique.

Dans une nouvelle visite, qui eut lieu dans l'après-midi, comme, malgré la grande dilatation de l'orifice et la violence des contractions, la tête ne s'engageait point, après avoir calculé le degré d'étroitesse du bassin, le professeur de Billi, qui à cette époque encore dirigeait l'hospice, décida de tenter l'extraction du fœtus au moyen du forceps. Il fit placer la femme sur le bord du lit; mais, quoique le forceps eût été bien appliqué et que d'énergiques tractions fussent faites, le fœtus ne sortit point, et même la tête ne s'était point du tout avancée; cependant les battements du cœur fœtal étaient moins sensibles. Alors, le forceps retiré, on eut recours au forceps-scie de Vanhuevel; après avoir convenablement appliqué les branches de cet instrument sur la tête du fœtus, suivant le précepte de l'accoucheur belge lui-même, qui dit qu'on doit l'appliquer sur les côtés du bassin, on introduisit les petites tiges armées de la scie à chaîne, et, au moyen de la manivelle, on commença de scier la tête du fœtus.

L'opération n'offrit point d'accidents, et peu de minutes suffirent pour opérer la section de la tête. Après avoir retiré les petites tiges et la chaîne dentée, quelques tractions, exercées avec le forceps lui-même, firent descendre la tête fœtale jusqu'au détroit inférieur; puis, retirant les branches et introduisant sa main dans le vagin,

l'opérateur saisit une des portions de la tête sciée,
et, en tirant avec elle, il réussit peu à peu à extraire les deux parties, suivies du tronc du fœtus,
qui était un enfant mâle très-développé. La tête
présentait un crâne très-résistant, et l'action de la
scie s'était dirigée du sommet à la base, transversalement, en entamant les deux os pariétaux et
temporaux, passant en avant du rocher, parta-
geant la selle turcique et venant aboutir au-delà
des trois premières vertèbres cervicales, qui ne
furent point attaquées, tandis qu'il y avait eu lé-
sion des parties molles situées au devant. La délivrance fut prompte, et, après une suite de couches tout à fait régulière, le 19 janvier 1863, cette
femme quittait l'établissement.

RÉFLEXIONS. — Les détails qui sont rapportés dans ces deux observations font mieux
comprendre que les plus belles descriptions
les avantages et les inconvénients du forceps-
scie.

D'abord je signalerai dans les deux opérations le rétrécissement général du bassin.
Ainsi : Obs. I, diamètre sacro-pubien, $0^m,075$,
les autres diamètres sont aussi rétrécis. Obs. II,
diamètre antéro-postérieur, $0^m,086$, *léger rétrécissement du diamètre sacro-cotyloïdien.*
Cette complication se présente très-fréquem-
ment, et, à Paris, on n'appelle pas assez l'attention des élèves sur le rétrécissement possible du diamètre sacro-cotyloïdien. On se
contente de la mensuration digitale, qui sert

à faire apprécier, plus ou moins exactement,
le diamètre sacro-sous-pubien. Déjà j'ai ailleurs mentionné la difficulté d'une réduction
exacte pour connaître l'étendue du diamètre
sacro-pubien, qui est celui qui s'oppose le plus
souvent à l'engagement. Cette difficulté dé-
pend de la longueur et de la direction varia-
bles de la symphyse pubienne.

Parmi les auteurs classiques, Velpeau est
le premier (t. I, p. 16, édit. 1835) qui ait
parlé de l'étendue du diamètre sacro-cotyloïdien; Jacquemier (t. I, p. 13) l'appelle dis-
tance sacro-cotyloïdienne; presque tous les
autres se sont contentés d'indiquer, à chaque
détroit et dans l'excavation, le diamètre antéro-postérieur, les deux obliques et le transverse. Cependant Cazeaux a constaté l'heureuse innovation de notre aimé maître (p. 14),
mais il en rapporte le premier mérite à Burns.
Nægelé et Stoltz ont mesuré quatre-vingt-dix
fois le diamètre sacro-cotyloïdien.

Dans un parallèle sur le céphalotribe et le
forceps-scie, communiqué à l'Académie, j'ai
donné des statistiques prises en Belgique et
en Italie; dans ces deux pays on se préoccupe
beaucoup du rétrécissement des diamètres
combinés, qui rendent, en effet, les cas de
dystocie bien plus graves. Je renvoie, pour
l'appréciation de ces rétrécissements, aux observations que j'ai publiées en 1863, pour la
clinique belge; quant aux trente-quatre cé-

phalotomies pratiquées en Italie, on trouve vingt-cinq cas de rétrécissements compliquant le rétrécissement antéro-postérieur, dont vingt cas pour le seul diamètre sacro-cotyloïdien. Je ne les ai pas indiqués sur le tableau que j'ai établi dans le parallèle en question pour le simplifier ; mais ils sont mentionnés dans la thèse de concours du docteur Agudio (Milan, 1863) ; ce sont, pour les rétrécissements sacro-cotyloïdiens, les numéros 1, 3, 5, 8, 11, 12, 13, 17, 19, 21, 22, 25, 27, 28, 29, 30, 31, 32, 33, 34 ; pour les autres, les numéros 4, 9, 11, 13, 17.

Pour en revenir aux avantages du forceps-scie, on voit (Obs. I) que, si l'enfant vit, l'accoucheur peut faire avec cet instrument des tractions pour essayer d'engager le fœtus, comme s'il opérait avec un forceps ordinaire ; ce n'est qu'après insuccès que l'on monte la scie qui doit mettre fin à ses jours ; les tractions peuvent aussi être précédées d'un mouvement de rotation, comme dans l'observation précitée, pour placer le diamètre le plus étroit de la tête fœtale dans le sens du diamètre le plus petit du bassin maternel.

La facilité de la manœuvre est également prouvée par l'application oblique que fit au détroit supérieur le professeur Wasseige.

Comme le forceps, l'instrument de Vanhuevel peut se placer dès que le col a subi une dilatation suffisante pour permettre son passage.

Jamais, comme on le voit par ces deux spé-
cimens, l'action de la scie n'offre de difficultés. Une fois la division opérée, quelques
tractions sur l'instrument suffisent le plus
souvent pour extraire les segments. Dans
l'Obs. I, la réussite a eu lieu pour le segment
postérieur ; mais le segment antérieur échappe, et nous voilà aux prises avec la seule difficulté du forceps-scie. Le toucher fait reconnaître que le segment a basculé ; le saisir avec
des pinces à dents, par sa circonférence, et
l'extraire lentement, telle est la méthode ha-
bituelle qui n'a jamais entraîné de dangers.
L'opérateur belge fait mieux ; supposant que
le temps à employer à l'extraction pouvait
être préjudiciable à la malade, il pratique la
version pelvienne, et toute difficulté est vain-
cue ! Sans l'épidémie régnante, cette femme
vivrait encore, suivant toutes les probabilités.

A l'examen, on voit que la base du crâne
du fœtus a été divisée en deux parties égales,
et c'est là surtout le plus grand avantage
qu'on puisse retirer de l'instrument, à savoir :
la destruction régulière de la base qui, dans
les rétrécissements comme celui dont il s'agit,
7 centimètres 1/2, met un obstacle infranchis-
sable à l'accouchement.

Cette destruction assurée de la base du
crâne est un garant, pour l'accoucheur, que
le fœtus est toujours mort, le nœud vital
étant infailliblement détruit, ce qu'on ne peut

dire dans tous les cas avec le céphalotribe.
J'ai vu plusieurs fois l'accoucheur être obligé
de détruire le bulbe rachidien après la céphalotripsie, l'enfant venant avec une tête dont
la voûte a été brisée et donnant encore cependant quelques signes de vie; j'en sais un
qui vécut une heure et demie de la sorte,
spectacle horrible, s'il en fut, aux yeux de la
famille, et bien fait pour discréditer le céphalotribe et malheureusement aussi celui qui
l'applique.

Cet inconvénient que je crois avoir signalé
un des premiers, quoiqu'il soit arrivé à presque tous les accoucheurs qui s'occupent d'embryotomie, est un puissant argument en faveur du forceps-scie. Il se produit surtout
dans les rétrécissements extrêmes, quand la
base du crâne n'est pas profondément engagée
entre les cuillers du céphalotribe, ou quand,
ce qui arrive souvent, cet instrument glisse.
Mais on comprend que les praticiens auxquels
pareille chose survient ne s'empressent pas
de la publier; ils achèvent en silence de
détruire le reste de vie qui peut encore animer le fœtus !

Dans l'Obs. II, on peut aussi noter une présentation occipito-postérieure, cause probable de l'insuccès avec le forceps ordinaire
dans un bassin ayant d'ailleurs 86 millimètres.

L'opération, comme dans l'Obs. I, fut très-
facile; le forceps s'applique comme le forceps

ordinaire et le plus souvent directement ; ce n'est qu'après le placement des branches et l'articulation que l'on introduit les tiges garnies de la scie qui a été passée d'avance. Ce temps de l'opération est des plus simples. De même, une fois la section opérée, il est tout aussi facile, sinon plus encore, d'enlever ces tiges et la scie.

Cette fois, les tractions dernières firent descendre la tête fœtale jusqu'au détroit inférieur où, l'instrument étant retiré, les doigts suffirent pour extraire les deux portions de la tête, bientôt suivies de l'expulsion du tronc.

Ici la direction indiquée du trait de scie complète ce que nous avons dit à propos de la destruction si nécessaire du nœud vital, et la guérison de la mère fut la conséquence d'une opération aussi sagement conduite que brillamment exécutée.

QUELQUES RÉFLEXIONS

SUR

DEUX OBSERVATIONS

DE CÉPHALOTOMIE

Par M. le docteur Alf. Liégard (de Caen).

———

La *Gazette des Hôpitaux* du 25 septembre 1866 rapporte deux observations de céphalotomies exécutées par le forceps-scie, sur deux enfants vivants : l'une par le docteur Wasseige (de Liége); l'autre par le professeur de Billi (de Milan).... Dans la première observation, le diamètre sacro-pubien portait 75 millimètres ; dans la deuxième, 86. Or, ces mesures entraînaient-elles nécessairement et absolument, la deuxième surtout, la terrible alternative, ou de tuer l'enfant, ou de pratiquer l'opération césarienne ? Nous ne le pensons pas. Les observations dans lesquelles l'accouchement s'est opéré, soit naturellement, soit

par la version ou le forceps, lorsque ce diamètre n'était que de 70 centimètres, sont nombreuses dans la science; et puis, n'avait-on
pas encore la ressource précieuse de la sym-
physiotomie....

Nous ne voulons pas ici ranimer les disputes qui furent si vives et si opiniâtres dans le
siècle dernier, entre les césariens et les sym-
physiens; mais nous croyons devoir rappeler
que les plus grands adversaires de la symphy-
siotomie, Baudelocque lui-même, accordaient
qu'au-dessus de 70 millimètres du diamètre
sacro-pubien, cette opération pouvait à la fois
éviter à la mère l'opération césarienne et sauver la vie de l'enfant. Des faits nombreux, les
expériences des docteurs Giraud et Ansiaux,
celles de Gardien et ses savantes dissertations
sur ce sujet, ont parfaitement démontré que,
par ce moyen, surtout chez les femmes jeunes
encore, on pouvait augmenter ce diamètre,
sans le plus léger inconvénient, de 15 à 20 millimètres : or, dans la deuxième observation
(jeune femme de dix-neuf ans), 20 millimètres, ajoutés à 86, auraient donné 100 millimètres, dimension plus que suffisante pour
une version ou une application facile de forceps!... Il n'y avait donc pas lieu, comme l'a
fait M. le docteur Eug. Verrier, de prodiguer
la louange aux deux auteurs de ces observations, et de dire, en parlant de la deuxième :
« opération aussi sagement conduite que bril-

lamment exécutée.... » Voilà pour le côté matériel des considérations qui, nous l'espérons, feraient réfléchir les praticiens avant d'entreprendre la céphalotomie en pareille circonstance.

Quant aux développements de l'ordre moral que nous susciteraient ces deux observations, et surtout les réflexions qui les accompagnent, ils nécessiteraient plus de temps et d'espace que ne peuvent nous en accorder les colonnes de ce journal. Nous les y avons d'ailleurs insérés en partie déjà en 1855 (24 février), et plusieurs chirurgiens fort distingués y ont pareillement, dans cette même année, publié, sur le même sujet, des mémoires d'un mérite incontestable.... Qu'il nous soit permis de faire remarquer seulement que M. le docteur Verrier s'arroge ici, sur l'enfant, un droit de vie et de mort que les articles rappelés ci-dessus, et plusieurs ouvrages très-recommandables, lui contestent absolument.... Et, pour donner ce droit suprême et terrible, il ne suffit pas, comme cela s'est pratiqué en Belgique (première observation), de recevoir de la femme en travail l'assurance qu'elle se refuse à toute opération qui puisse compromettre ses jours : il y a même là un jugement prononcé par la mère contre son enfant qui répugne à la conscience et à la nature ; il nous paraît, au contraire, que le chirurgien devrait alors se constituer le défenseur de cet enfant par-

faitement innocent et incapable de plaider lui-
même sa propre cause.... Mais ici M. Verrier
ne voit qu'une chose, ne se préoccupe que
d'un seul résultat : les grands avantages du
forceps-scie, avec lequel on tue et on extrait
l'enfant, sans qu'on lui aperçoive un souffle
de vie ; ce qui n'a pas lieu toujours quand on
emploie le céphalotribe.... Aussi, déplore-t-il
l'effet très-compromettant de cet instrument
dans ces cas.... « J'ai vu, dit-il, plusieurs fois
l'accoucheur être obligé de détruire le bulbe
rachidien, après la céphalotripsie, l'enfant venant avec une tête dont la voûte a été brisée,
et donnant encore quelques signes de vie ; j'en
sais un qui vécut une heure et demie de la
sorte, spectacle horrible s'il en fut, aux yeux
de la famille, et bien fait pour discréditer le
céphalotribe et, malheureusement, celui qui
l'applique. Cet inconvénient est arrivé à presque tous les accoucheurs qui s'occupent d'embryotomie » (triste occupation, vraiment !)...
« Mais, ajoute notre auteur, on comprend que
les praticiens auxquels pareille chose survient
ne s'empressent pas de la publier : ils achèvent, en silence, de détruire le reste de vie
qui peut encore animer le fœtus.... » (*Durus
est hic sermo....*)

Eh bien, moi, Monsieur, je vous dis, et je
suis ici l'interprète de nos estimables confrères, je vous dis qu'il ne nous suffit pas, pour
nous rassurer et tranquilliser notre conscience,

que l'enfant que nous avons immolé dans le sein de sa mère ne donne plus aucun signe de vie quand il en est extrait ; cet enfant, dont nous entendions battre le cœur il n'y a qu'un instant (« on entendait les battements du cœur du fœtus, à droite, au-dessous de l'ombilic de la mère.... et ses contractions étaient fortes et fréquentes, » deuxième observation), et dont nous avons, foulant aux pieds toute considération religieuse, détruit, comme vous le dites, le nœud vital ; cet enfant tout en fragments, tout déchiré et inanimé qu'il soit maintenant, vous crie encore, avec toute la force et la justice de la vérité : J'avais le droit de vivre, et toi tu n'avais pas, et personne ne pouvait te donner le droit de me faire mourir ! *Non occides !...*

Dans un travail lu dernièrement à l'Académie de médecine, M. Verrier traite la question de l'embryotomie, non plus seulement au point de vue particulier des deux observations rapportées dans la *Gazette des Hôpitaux*, mais au point de vue général ; et il conclut à la supériorité du forceps-scie sur le céphalotribe, et à la nécessité de l'employer de préférence dans tous les cas de rétrécissement extrême ; de ce que, par le premier de ces instruments, 70,6 femmes sont épargnées, tandis que, par le deuxième, 52,7 seulement sont sauvées.... Eh bien, en acceptant ces chiffres comme parfaitement exacts, et en les comparant avec les

résultats obtenus par l'opération césarienne
(voir les travaux ci-dessus rappelés et insérés
dans la *Gazette des Hôpitaux*, année 1855),
nous trouvons que cette opération, en même
temps qu'elle extrait vivants presque tous les
enfants, a sauvé un nombre de mères tout
aussi grand que le forceps-scie, et si nous con-
sidérons les perfectionnements et les succès
remarquables de l'ovariotomie, perfectionnements et succès qui nous indiquent, par une
grande analogie, les succès et les perfectionnements possibles de l'opération césarienne;
si nous faisons entrer en ligne de compte les
immenses avantages que lui apporteraient
maintenant l'emploi du chloroforme, nous se-
rons conduits à conclure que, dans tous les
cas, le céphalotribe et le forceps-scie devront
disparaître de l'arsenal chirurgical, et que le
mot embryotomie devra désormais être rayé
de notre dictionnaire, par l'humanité, la morale et la religion.

Cette grande et importante question, que je
n'ai pu ici qu'indiquer sommairement, je la
propose à la science et à la conscience des émi-
nents praticiens qui, déjà il y a dix ans, m'é-
taient venus en aide dans la lutte que j'avais en-
treprise contre les embryotomistes de ce temps-
là; et si, contre mon espérance, personne ne
répond à mon appel, dans quelques mois je
réclamerai encore de la bienveillance et de

l'impartialité du directeur de ce journal l'insertion d'un travail dans lequel, je l'espère, je démontrerai invinciblement la nécessité de renoncer absolument et pour toujours à la barbare et condamnable pratique de l'embryotomie.

RÉPONSE

A M. LE DOCTEUR LIÉGARD (DE CAEN)

A propos de deux observations publiées par moi et faisant suite au parallèle que j'ai établi entre le céphalotribe et le Forceps-Scie (Académie de médecine, le 25 septembre 1866), M. le docteur Alf. Liégard, de Caen, écrit, dans la *Gazette des Hôpitaux* du 11 octobre, qu'il préfère la symphyséotomie, absolument comme cet enfant terrible qui, dans le choix qu'on propose à sa naïve tendresse entre son papa et sa maman, répond qu'il aime mieux la viande.

Évidemment, c'est déplacer de prime abord la question, en faisant intervenir un troisième terme, étranger à notre parallèle, et quel terme malencontreux! La symphyséotomie! Y pensez-vous, Monsieur? Une opération qui tue, ou plutôt, qui a tué presque autant de femmes que l'opération césarienne elle-même, pour le très-mince avantage de faire gagner au bassin de 10 à 15 millimètres au plus, d'après nos auteurs classiques? — Mais c'est une opération jugée, que je ne me donnerai pas la peine de combattre; elle est même rayée de tous les traités modernes d'accouchement, ou n'y figure que comme chapitre historique. Depuis l'invention du céphalotribe, qu'y ferait-elle, en effet? La science marche tous les jours, et il n'est plus permis aujourd'hui de s'en tenir aux ouvrages de Baudelocque et de Gardien, échos lointains d'un temps qui n'est plus. Votre retour vers ce temps, Monsieur, me fait supposer, vu qu'il y a deux docteurs Liégard, le père et le fils, que c'est au premier que je réponds. Quoi qu'il en soit, laissons à ce même passé que vous évoquez et la symhyséotomie et la version pour les rétrécissements du bassin, dont elle est une contre-indication.

D'ailleurs, la question, je le répète, n'était pas celle-là. Il s'agissait exclusivement du choix entre deux instruments donnés, quand l'accoucheur se trouve malheureusement forcé de sacrifier une existence à une autre, ou de les voir périr toutes deux dans l'inefficacité de ses secours.

Il se peut maintenant que, dans l'espèce, une si cruelle alternative, que je déplore au-

tant que vous, n'eût pas tout le caractère d'une
infaillible nécessité ; mais c'est en l'admettant
comme telle que je faisais ressortir la supériorité du forceps-scie sur un moyen de délivrance analogue. Quant à la responsabilité de
l'opérateur, qui va au-devant de la mort pour
la désarmer de moitié, n'est-il pas, à cet égard,
seul juge de sa conduite? C'est, au reste, dans
ce sens qu'aujourd'hui la question paraît ré-
solue : il s'inspire de sa conscience, de l'état
local et général de la mère, de celui de l'enfant; il tient compte du pays où il exerce (considération d'un grand poids), et mesure enfin
son plus ou moins d'habileté dans ces sortes
d'opérations.

Je me serais donc bien gardé d'attaquer,
comme vous le faites, et surtout avec la même
violence, deux opérations exécutées par des
professeurs honorablement connus du monde
savant, alors qu'il s'agit de l'opportunité d'une
intervention pour laquelle la science encore
indécise s'en remet sagement au sentiment
moral et aux lumières du médecin accoucheur.
Je n'envisage, moi, dans l'espèce, comme vous
le dites fort bien vous-même, qu'une seule
chose, que ce problème de pratique obstétricale à résoudre : étant donnée la cruelle nécessité de l'embryotomie, quel est l'instrument
qui en assure le plus complétement la réussite
au plus grand avantage de la mère? — Pourquoi, dès lors, me serais-je abstenu de louer,

à ce point de vue, une opération qui, d'ail-
•leurs, n'a point procédé sans les préliminaires
de la prudence, bien qu'il vous plaise de n'en
rien dire ; car, malgré son apparente précipi-
tation, je vois que des tractions énergiques ont
été faites avec le forceps ordinaire, et la tête
ne s'était point du tout avancée ; je vois aussi
que les battements du cœur fœtal étaient de-
venus moins sensibles (II° observ., 30° ligne).

Vous dites que vous ne voulez pas ranimer
les disputes du siècle dernier, entre les sym-
physiens et les césariens ; cela se conçoit,
puisque vous êtes partisan de la symphyséotomie, comme de l'opération césarienne. Mais
vous annoncez un travail d'extermination
contre tous les embryotomistes. Je crains bien
que votre croisade ne passionne que vous, et,
dans tous les cas, je vous engage à lire, au
préalable, la remarquable thèse de concours
de M. le docteur Guéniot, intitulée : *Parallèle
entre la céphalotripsie et l'opération césarienne*. L'honorable auteur de ce travail a soin
d'écarter la question religieuse et morale, afin,
dit-il lui-même (page 4), d'apporter dans la
discussion un esprit libre de toute préoccupa-
tion étrangère au côté purement scientifique
du sujet.

C'est avec cette judicieuse indépendance,
Monsieur, que vous devrez aussi établir votre
travail, si toutefois il vous reste à glaner dans
un champ si soigneusement fouillé , car toutes

les meilleures raisons que l'on puisse invoquer en faveur de l'opération césarienne sont consignées dans cette thèse, que nous avons eu l'honneur d'argumenter à la Faculté de médecine de Paris (1866).

Un grand fait ressort du travail de M. Guéniot, c'est la presque impossibilité d'établir des statistiques exactes de l'opération césarienne, à cause des insuccès qui ne sont pas publiés, insuccès relatifs surtout au salut des mères.

Mais d'autre part, ce que les partisans exagérés de cette opération avancent sans preuves, c'est que les enfants soient presque tous sauvés. Taylor Smith a démontré dans son Manuel, p. 607, qu'il était loin d'en être ainsi, soit parce qu'on commence trop tard d'opérer (peut-on, avant le travail, se décider à ouvrir le ventre d'une femme?), soit pour toute autre raison. L'auteur anglais prouve par des statistiques qu'on sauve seulement 48 enfants sur 100.

Si maintenant, d'accord avec la majorité des praticiens modérés, nous admettons, y compris les faits de la province, que l'opération césarienne sauve 20 fois la mère sur 100, nous aurons, en somme, 68 existences conservées par ce moyen. A Paris, depuis plus d'un siècle, on n'a pas d'exemple de femmes qui aient résisté à l'opération dont nous parlons ; le nombre d'existences conservées y est donc, ainsi que dans tous les grands centres de population, limité aux 48 enfants précités.

Dans la céphalotomie, Monsieur, pour laquelle votre aversion va sans doute jusqu'à ne pas la connaître, on serait du moins tenté de le croire en voyant que vous en êtes encore à ouvrir la symphyse pubienne, dans la céphalotomie, dis-je, les statistiques établissent rigoureusement qu'on peut, avec les rétrécissements de toute sorte et en employant le forceps-scie, sauver 78 existences sur 100. C'est donc, en définitive, et d'après le calcul le plus sage, une supériorité de succès de près d'un septième pour l'opération en général, et de plus de quatre septièmes dans le lieu où nous écrivons.

Au surplus, à l'appui de ce résultat, vous trouverez à la page 82 de la thèse que je vous recommande et qui est d'un défenseur, comme vous, de la gastro-hystérotomie, l'aveu précieux que cette opération est loin d'être aussi peu mortelle pour les femmes que la céphalotripsie. Un tel témoignage rendu au mérite du céphalotribe, dont le forceps-scie n'est qu'un heureux perfectionnement, n'infirme-t-il pas singulièrement votre propre assertion quand vous dites que l'opération césarienne a sauvé un nombre de mères tout aussi grand que le forceps-scie?

Une autre considération : les 48 enfants sauvés par l'opération césarienne n'en sont pas moins soumis à toutes les chances de la mortalité si grande qui frappe les nouveau-nés, et ils restent à jamais orphelins ! tandis que l'embryotomie conserve à la famille et à la société 78 femmes que mille liens sacrés y rattachent.

Élève de l'École de Paris, j'enseigne avec nos savants professeurs, qui, dans cet important débat, ne désirent que les progrès de la science et le triomphe de la vérité, que lorsqu'il s'agit de sauver l'arbre ou le fruit, on ne doit jamais cueillir le dernier avec le danger de tout perdre.

Posez ainsi la question à tous les pères, à tous les maris ; quelles que soient leurs opinions religieuses, si vous voulez en tenir compte, ils vous répondront : *Sauvez la mère.* Et pourtant, selon vous, malgré les sentiments et les intérêts que représente cette mère, et alors même qu'elle confirme par l'expression de sa propre volonté les vœux si légitimes qui plaident la cause de sa conservation, on devrait lui préférer un être qui n'a pas encore pris place dans la vie ! Ah ! soyez moins hostile, Monsieur, à l'usage qu'on a en Belgique de consulter les mères ; car cette déférence, grâce le plus souvent à leur dévouement irréfléchi, est favorable à votre opinion ; et quant à moi, je vous le déclare, tout embryotomiste que je suis, si une femme voulait sauver son enfant, *même au prix de ses jours,* je n'hésiterais pas à recourir à l'opération césarienne.

A côté de l'habitude belge que je viens de signaler, il en existe une autre, dans ce pays, que sans doute vous approuvez; c'est le baptême intra-utérin. La discussion académique du 26 avril 1845 en fait au praticien une obligation morale chaque fois qu'il se prépare à l'embryotomie. L'observance de ce devoir ne peut que calmer les scrupules les plus sévères.

Tenons-nous-en là, sans mettre le pied sur le terrain si douteux de l'interprétation biblique. Il me serait si facile de faire du terrible *non occides* une arme à deux tranchants ! N'y a-t-il pas, en effet, plus d'une manière de tuer? et celle qui consiste à laisser mourir quand on peut sauver est-elle moins certaine que l'autre ? Le mieux est donc de se renfermer, ici, dans le domaine pur de la science, sans autre contrôle que le sien et la conscience de chacun.

Je termine par un exemple. M. Depaul a fait en 1863 et 1864 deux opérations césariennes, *à l'aide du chloroforme*, dans des bassins dont les diamètres sacro-pubiens étaient, tous deux, de 5 centimètres 1/2 net. Elles ont, comme toujours à Paris, entraîné la mort des deux mères. Cette année-ci, le même professeur a préféré l'embryotomie, dans deux autres cas où le bassin était rétréci à peu près au même degré (n˅ 3 et 7, clinique d'accouchement).

Les deux femmes sont aujourd'hui pleines de
vie, et tous les élèves ont pu les voir à l'hôpital des cliniques, où l'une d'elles se trouvait
encore il y a peu de jours. La double opposi-
tion de ces faits, accomplis dans le même lieu
et la même saison, revers persistant d'un
côté, succès complet de l'autre, parle assez
haut d'elle-même ; et M. Depaul a le droit de
se féliciter du second résultat.

Après des opinions comme celles de Dubois,
Cazeaux, Danyau, Pajot, Jacquemier, Chailly,
etc., je n'aurais qu'à m'abriter sous leur auto-
torité pour écarter une opération dont le seul
souvenir dans la capitale retentit encore
comme un glas funèbre. « L'opération césarienne, a dit Pajot, doit être réservée pour les
cas, excessivement rares, où le céphalotribe
ne peut plus passer. »

Cette limite, fixée par moi, dès 1863, à
4 centimètres, a été confirmée par M. Guéniot.
Je vais plus loin dans votre sens, et j'accorde
qu'à la campagne, avec de bonnes conditions
hygiéniques, on *peut* encore faire la gastro-
hystérotomie jusqu'à 6 centimètres 1/2. Mais,
au delà de cette mesure, c'est une opération
qui mérite de prendre rang à côté de la symphyséotomie.

Résumant donc cette question dans son véritable caractère, tel qu'il ressort des deux
observations et du parallèle qui m'ont valu la
critique à laquelle je viens de répondre, je

dis que, placé dans la triste nécessité de faire la céphalotomie, pour conserver les jours de la mère, l'accoucheur doit préférer le forceps-scie qui lui assure la destruction complète de la base du crâne fœtal, et épargne 18 mères de plus que le céphalotribe sur 100 opérations.

Dr E. VERRIER

FIN

* 9 7 8 2 0 1 3 0 2 4 1 6 7 *